青少年人工智能教育丛书

中小学生创客教育项目式课程与创新发明技能培养丛书

本项目为武汉市教育科学规划课题阶段性成果（课题编号：2018C010）

小创客

玩转智慧校园

—— 基于Mixly和Arduino的创意制作

本书编写委员会

主　　任	唐一飞　杨　艳
副 主 任	钟广胜　徐子聪
委　　员	（以姓氏汉语拼音首字母为序）

陈晓晨　陈正东　程　慧　范永岁　龚红安　李国栋　彭友林

邱端峰　邱　丰　单凌燕　沈　力　田秋云　王继承　杨　纯

杨　阁　杨志华　应　兰　郑白甫　钟　红

主　　编	程　慧
副 主 编	李　亮
编写人员	（以姓氏汉语拼音首字母为序）

陈　杰　程　慧　程诗卓　李　亮　芦　凡　尚　燕　周　颖

长江出版传媒　湖北教育出版社

(鄂) 新登字 02 号

图书在版编目(CIP)数据

小创客玩转智慧校园——基于 Mixly 和 Arduino 的创意制作/程慧主编.
—武汉:湖北教育出版社,2020.6
ISBN 978-7-5564-3021-5

Ⅰ.①小…
Ⅱ.①程…
Ⅲ.①程序设计-青少年读物
Ⅳ.①TP311.1-49

中国版本图书馆 CIP 数据核字(2019)第 077783 号

小创客玩转智慧校园——基于 Mixly 和 Arduino 的创意制作
XIAO CHUANGKE WANZHUAN ZHIHUI XIAOYUAN——JIYU Mixly HE Arduino DE CHUANGYI ZHIZUO

出 品 人	方　平			
责任编辑	孙亦君		责任校对	李　镧
装帧设计	牛　红　刘静文		责任督印	张遇春

出版发行	长江出版传媒 湖北教育出版社	430070 430070	武汉市雄楚大道 268 号 武汉市雄楚大道 268 号
经　　销	新 华 书 店		
网　　址	http://www.hbedup.com		
印　　刷	湖北新华印务有限公司		
地　　址	武汉市硚口区长风路 31 号		
开　　本	787mm×1092mm　1/16		
印　　张	7		
字　　数	100 千字		
版　　次	2019 年 5 月第 1 版		
印　　次	2020 年 6 月第 2 次印刷		
书　　号	ISBN 978-7-5564-3021-5		
定　　价	30.00 元		

前 言

"创客"一词来源于英文单词"Maker",指出于兴趣与爱好,努力将各种创意转变为现实的人。数字化造物技术的迅速发展和普及,促进了创客文化的兴起,使更多的人能参与到造物的过程中来。近年来,创客文化与教育相结合,产生了创客教育,并在全国范围内受到广泛关注,掀起一阵阵热潮。教育部《教育信息化"十三五"规划》和国务院《新一代人工智能发展规划》的相关条文也进一步凸显出中小学开展创客教育、STEAM 教育和人工智能教育的重要性。

创客教育为中小学生带来了造物的乐趣,也促进了创新发明活动的开展,但与此同时,课程的缺乏也成为广大中小学师生和社会爱好者不得不面临的突出问题。为更好推进基层学校开展创客教育和创新发明活动,让广大热爱创客教育、STEAM 教育和创新发明活动的师生有本(课本)可依,有材(器材)可用,将创客教育与 STEAM 教育无形的理念转化为有形的课程资源,我们开展了中小学创客教育项目式课程开发策略的研究,并研发了本套丛书。

本书以"智慧校园"为主题,采用最容易上手的图形化编程语言来讲授

Arduino UNO 开发板的程序设计与应用开发。引导青少年从模仿创新开始，逐渐过渡到主题创新和自主创新，循序渐进地体验到创客活动和智能硬件编程的乐趣。书中编写以创客教育和 STEAM 教育理念为指引，引导青少年围绕"学一学""想一想""做一做""秀一秀""评一评""拓一拓"等板块开展项目式学习，形成理论与实践相结合、由浅入深的探究式学习模式。通过完成各项实践探究任务来培养学生的动手能力、独立解决问题的能力，以及把创意变成现实的工程思维能力。

　　本书在编写时还充分考虑了教师易教和学生易学、器材易用、寓教于乐以及学校实际可支配课时较少等实际需求，从课程容量、案例选择和可操作性等方面进行了深入的实践与探索。特别是器材方面，我们从众多淘宝网店精选符合实践需求、物美价廉的通用器材，大大降低了造物成本，更加符合创客们的实际需求。

　　本书主要适用于中学生和小学高年级学生，同时也可以作为教师和社会爱好者研究学习 Mixly 和 Arduino 的参考资料。

目 录
CONTENTS

第一章

我心中的智慧校园

在我们的日常生活中，智能产品无处不在，例如商场里的智能自动扶梯，在没有乘客乘行时会自动减速或停止，当感应到有乘客靠近时会自动运行，大大地节约了能源；出门不用带钱包，购物直接用手机或"刷脸"支付；花园不用人工浇水，定时定点实现智能灌溉；扫地机器人，自动帮助人们清扫房间……不知不觉，我们已经进入人工智能时代，各种智能应用正在极大地方便着我们的生活。

为了实现智慧校园的创意，现在，让我们都成为小创客，一起来设计自己心中的智慧校园吧！

1 设计我心中的智慧校园
——智慧校园的创意规划

同学们在校园里遇到过这样的情况吗？上一节课在实验室里冷得发抖，下一节课却在舞蹈教室里热得出汗；早上教室灯光刺眼，可到了傍晚又觉得光线昏暗……学习胜地不应如此！如果我们校园的温度、灯光都能够像我们人类一样具有智慧，能实时自动调节，那该多好啊！

你觉得校园里的哪些地方可以更具有智慧呢？你梦想中的智慧校园是什么样的呢？请同学们发扬创客精神，一起来规划自己心目中的智慧校园吧！

图 1-1　智慧校园

<table>
<tr><td>

项目描述

    分区域规划你心目中的智慧校园，再组合成一个让生活更便捷、体验更舒适、功能更智能的智慧校园方案。

</td><td>

器材清单

    纸、笔若干。

</td></tr>
</table>

我们一起来了解几个智能应用产品。

扫地机器人：一般能设定时间预约打扫，自行充电；前方有感应器，可侦测障碍物，如碰到墙壁或其他障碍物，会自行转弯；能根据设定走不同的路线，有规划地清扫，自动在房间内完成地板清理工作。

智能空气净化器：备有高精准激光传感器，可以全天候监测室内 PM2.5 浓度，超过预定值时能够自行启动；会根据超标程度智能选择风速，随时保持室内空气质量达标；能够用手机与 APP 实时互联，同步记录数据，实现远程操控。

无人驾驶汽车：是智能汽车的一种，它利用车载传感器来感知车辆周围的环境，并根据感知所获得的道路、车辆位置和障碍物信息等，控制车辆的转向和速度，从而使车辆能够安全、可靠地在道路上行驶。

我们每天学习生活的校园里哪些设施可以更加智能化？还需要哪些智能产品和智慧系统呢？你心中的智慧校园是怎样的？请同学们用缺点列举法、希望点列举法等创新方法来进行创意设计，并用绘图示意、文字说明等形式，在智慧校园创意规划表中呈现你心中的智慧校园。

创新发明技法

创新发明技法是指人们研究创新思维的发展规律和大量成功创造发明实例的产生规律后，总结出来的指导人们进一步开展创新发明活动的一些原理、技巧和方法。创新发明技法包括列举型技法、推理型技法、组分型技法、设问型技法和激励型技法等多种。本项目中，我们仅选择列举型技法中的缺点列举法和希望点列举法进行练习，有兴趣的同学也可以采用其他技法。

缺点列举法：通过发现、发掘事物的缺点，并把它们一一列举出来，然后针对这些缺点制定改进方案，进行创造发明的方法。主要创新模式为发现现有物品的缺点，然后想办法去改进它，产生新物品。如果改进后产生的新物品是以前从未有过的，那就是我们的发明作品。比如，针对冬天使用普通鼠标手冷的缺点，有同学设计出一种可以利用电热保暖的鼠标。如果在国家知识产权局进行专利检索查新，发现这种鼠标从未有人申报过专利，则可以认为该电热保暖鼠标具有新颖性，是这位同学的发明作品，可以申报国家专利。

希望点列举法：通过对某一事物提出种种希望，并把它一一列举出来，然后针对这些希望制定改进方案，进行创造发明的方法。主要创新模式为针对现有物品所没有的功能，结合自己的希望，让现有物品增加新的功能，产生新物品。如果所产生的新物品是以前从未有过的，那就是我们的发明作品。比如，上述案例，通过本方法即是另一种思路产生同样的发明作品。针对冬天使用普通鼠标手冷的问题，有同学希望该鼠标具有加热保暖的功能，于是他设计出了一款能利用电热保暖的鼠标。

在上述案例中，虽然我们使用了不同的创新发明技法，但最终都产生了同样的发明作品，这说明创新技法殊途同归。既然这样，那就让我们任选一种方法，开始我们的创新之旅吧！

做一做

智慧校园创意规划表

校园中需要解决的问题	希望的智能产品	智能应用场景描述

我的规划草图

*（可另附纸张，建议分区域画出示意图，并标出创意产品的名称）

快和你的团队成员一起讨论一下自己的创意,通过思维碰撞,形成本小组的智慧校园构想,并绘制成示意图,在全班交流分享。

在完成本项目的过程中,你有哪些收获?请对照下表进行评价,将得到的☆涂色。

项目评价表

评价指标	评价结果
1. 能与人合作完成项目,合理地规划出自己心中的智慧校园。	☆☆☆☆☆
2. 在活动中善于提出新颖和有创意的想法。	☆☆☆☆☆
3. 在团队中能够积极协作、互相帮助。	☆☆☆☆☆
在本项目中,我共得到　颗★。	
综合评价(自我评价):	

未来的智慧校园是什么样的?同学们源于实际生活的期望可真多呢。同学们对于未来智慧校园的设想,在今天看似天马行空,然而,时代的进步、科技的发展都是从敢于想象开始的。接下来,我们将带领大家走进创客世界,通过学习开源硬件 Arduino、图形化开源编程软件 Mixly,将我们的设想变成现实。

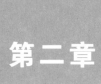

第二章

智慧教室更舒适

　　智能家居、智慧城市这些概念在我们的生活中越来越多地被提及。随着物联网的普及和推广，越来越多的场景和设备将被"智能化"，当然也少不了我们校园里的教室环境。在本章中我们将学习如何设计一个简单实用的教室环境监测系统，让我们的学习环境更舒适、更宜人。

2 让教室更明亮
——制作 LED 小台灯

如今的学校照明已不仅仅要重视学生身体的健康,还要注重人体工学、环境心理等方面的问题。教室的照明不仅需要注重保护学生视力、满足视觉舒适要求,还应创造一个高满意度的学习条件。本节课就让我们一起来设计制作一盏LED 小台灯,照亮我们的教室吧!

图 2-1 教室里明亮的灯光效果

项目描述

设计一盏可点亮和熄灭的 LED 台灯。

器材清单

Arduino UNO 板(以下简称 UNO 板)×1、Arduino UNO 扩展板(以下简称 UNO 扩展板)×1、白色 LED 模块 ×1、USB 数据线 ×1、9V 电池及电池扣 ×1、杜邦线若干。

学一学

认识 Arduino 与 Mixly

一、认识 Arduino

Arduino 是一个开源电子原型平台,它能通过各种各样的传感器来感知环境,并通过控制灯光、马达或其他装置来反馈和影响环境。常用的 UNO 板上有 14 个数字口,分别用 D0、D1、D2……D13 表示,6 个模拟口分别用 A0、A1、A2……A5 表示。

UNO 板可以通过 3 种方式供电,而且能自动选择供电方式。UNO 板部分引脚说明:

VIN:当外部直流电源接入电源插座时,可以通过 VIN 向外部供电,也可以通过此引脚向 UNO 板直接供电;VIN 有电时将忽略从 USB 或者其他引脚接入的电源。

GND:接地脚,相当于电源的负极。

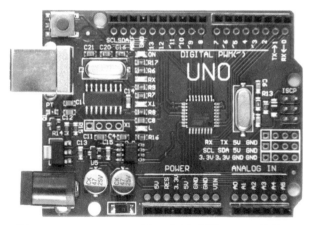

图 2-2　Arduino UNO 板(串口采用 CH340 芯片)

二、认识 Mixly

Mixly(中文名称为米思齐)是北京师范大学教育学部创客教育实验室傅骞团队开发和维护的一款免费的图形化开源编程工具。Mixly 是"绿色"软件,不需要安装就可以直接运行使用。

图2-3　Mixly（米思齐）界面

三、认识 LED 模块

LED 是发光二极管的简称,具有单向导通的特性,即只允许电流从正极流向负极,所以使用时注意正负极不要接反。

图 2-4　白色 LED 模块

同学们,如何用 UNO 板、UNO 扩展板和白色 LED 模块来制作小台灯,请把你的想法写下来。

用 LED 模块设计制作一个能实现开关功能的小台灯,要求小台灯有灯座、灯头、灯罩等部分。

第一步:硬件连接

首先,将 UNO 扩展板反面的针脚与 UNO 板正面的插孔对应插入,其他硬件通过杜邦线与 UNO 扩展板上的排针相连。

图 2-5　将 UNO 扩展板插在 UNO 板上

然后,用杜邦线将 LED 模块连接到 UNO 扩展板的其中一个数字管脚(本例为数字管脚 10,简称 D10),记住所连接的管脚号,在编写程序时要用到。

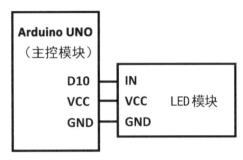

图 2-6　LED 小台灯工作原理图

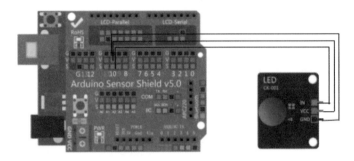

图 2-7　LED 模块与 UNO 扩展板连接示意图

第二步：程序编写

点亮 LED 模块参考程序：

熄灭 LED 模块参考程序：

LED 模块每隔 1 秒钟亮 1 秒参考程序（在 Mixly 中程序执行完后将默认从头开始）：

顺序结构

顺序结构是最简单的程序结构,也是最常用的程序结构,只要按照解决问题的顺序写出相应的语句就行,它的执行顺序是自上而下,依次执行。

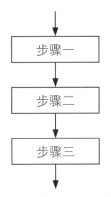

图 2-8 顺序结构流程图

在 Mixly 中,顺序结构程序执行完成后,将默认再从头开始执行。

为了把我们的作品制作得更美观实用,我们可准备空纸盒、乒乓球、铁丝和彩色卡纸等材料对作品进行结构设计和装饰。制作时注意将 UNO 板及 UNO 扩展板、电池等部分装入底座。

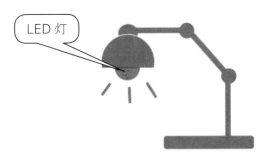

图 2-9 LED 小台灯结构示意图

　　我们还可以用其他材料设计出更美观、更耐用、更有创意的造型和结构,比如可以使用 3D 打印设备打印和制作结构造型。

　　在完成本项目的过程中,你有哪些收获?请对照下表进行评价,将得到的☆涂色。

项目评价表

评价指标	评价结果
1. 掌握 LED 模块的使用方法。	☆☆☆☆☆
2. 个人或团队能完成项目,作品能够测试成功。	☆☆☆☆☆
3. 在团队中能够积极协作、互相帮助,沟通良好。	☆☆☆☆☆
在本项目中,我共得到　颗 ★。	
综合评价(自我评价):	

　　设计制作一个班级展示牌闪烁灯,实现 LED 灯每隔 1 秒亮 0.1 秒的效果。

3 让教室更安静
——制作教室噪声监测器

噪声是指干扰人们休息、学习和工作的声音。噪声会使人烦躁,如果噪声过大还会危害人体健康。教室是同学们学习的主要场所,教室的环境对学习的影响不容小觑。为了给同学们一个安静的学习环境,我们能否进行实时噪声监测,判断教室里的噪声是否超标?本项目我们来设计一个能够判断教室里的噪声是否超标的教室噪声监测器。

图 3-1　校园环境监测显示屏

项目描述

设计一个能够监测教室里的噪声,并判断其是否超标的教室噪声监测器。

器材清单

UNO 板 ×1、UNO 扩展板 ×1、声音传感器模块 ×1、红色 LED 模块 ×1、USB 数据线 ×1、9V 电池及电池扣 ×1、杜邦线若干。

声音数据的采集和大小的判断需要使用到声音传感器模块。本项目中这款声音传感器模块能根据声音是否超过阈值输出高电平或低电平。该模块在声音强度低于设定阈值时，其 OUT 端口输出高电平；当声音强度超过设定阈值时，其 OUT 端口输出低电平。声音传感器的灵敏度可通过图 3-2 中蓝色数字电位器调节，当调节到开关指示灯亮时的声音强度即为设定阈值。

图 3-2　声音传感器模块

同学们，如何运用以上模块制作教室噪声监测器，实现教室噪声监测和状态的显示？请把你的设计方案写在下面。

这里我们还可以使用 PWM 技术来调控灯光亮度，同学们可以看到红色 LED 模块不是直接亮灭，而是有一个由亮到灭逐渐变化的过程，如同呼吸一般。

PWM（Pulse Width Modulation）译为脉冲宽度调制，简称脉宽调制。PWM 通过输出脉冲的占空比大小来实现输出功率的变化（图 3-3）。UNO 板有 6 个 PWM 接口，分别是数字接口 D3、D5、D6、D9、D10、D11。PWM 接口的输出值范围为 0~255，多用于调节 LED 灯的亮度，或者是电机的转动速度等。

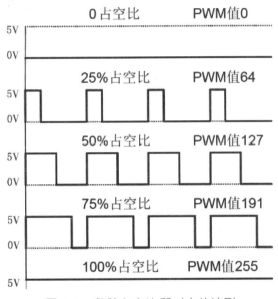

图 3-3　各种占空比所对应的波形

我们可以通过判断声音传感器模块返回值来判断噪声是否超标。当声音超过阈值时，提示噪声超标，红色 LED 灯亮起，需保持教室安静；当声音低于阈值时，则红色 LED 灯熄灭。我们可以参考教室噪声监测器原理图进行连线开始制作。同学们还可根据实际测试的情况来调整设定值大小。

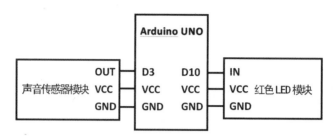

图 3-4　教室噪声监测器原理图

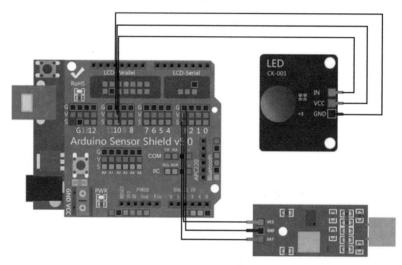

图 3-5　教室噪声监测器连接示意图

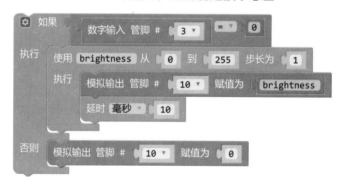

图 3-6　教室噪声监测器参考程序

在参考程序中用到了程序的选择结构和循环结构，下面我们一起来了解一下。

选择结构通过判断某些特定条件是否满足来决定下一步的执行流程，是非常重要的控制结构。

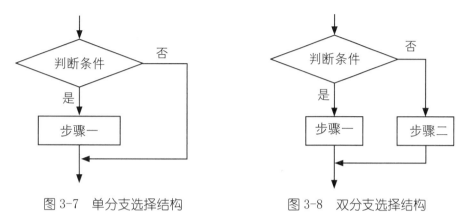

图 3-7　单分支选择结构　　　　图 3-8　双分支选择结构

循环结构是指使程序中某段代码根据循环条件重复运行的指令。循环结构包括循环条件和循环体。循环条件决定循环继续进行或终止进行。循环体指循环指令中重复运行的程序块。

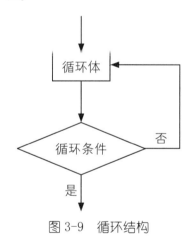

图 3-9　循环结构

PWM 支持的模拟输出状态为 256 种，也就是 0~255 个数值。步长为每次循环变量增加的幅度。在图 3-6 循环体中"使用 brightness 从 0 到 255，步长为 1"可以理解为将变量以每次加 1 的增幅由 0 变化到 255，接在 10 号管脚上的 LED 灯的值也将从 0、1、2……最后增加到 255。

为了把我们的作品制作得更美观实用,我们可准备 KT 板、空纸盒和彩色卡纸等材料对作品进行结构设计和装饰。制作时注意将 UNO 板及 UNO 扩展板、声音传感器模块、电池等部分装入结构内部,只把红色 LED 模块的灯留在外面。

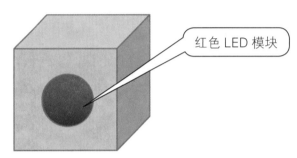

红色 LED 模块

图 3-10　噪声监测盒设计示意图

我们还可以用更丰富的材料设计出更美观、更耐用、更有创意的造型和结构,比如可以使用 3D 打印设备打印和制作结构造型。

在完成本项目的过程中,你有哪些收获?请对照下表进行评价,将得到的☆涂色。

项目评价表

评价指标	评价结果
1. 掌握了声音传感器和 PWM 的使用方法。	☆☆☆☆☆
2. 个人或团队能完成项目,作品能够测试成功。	☆☆☆☆☆

（续表）

评价指标	评价结果
3. 在团队中能够积极协作、互相帮助,沟通良好。	☆☆☆☆☆
在本项目中,我共得到　颗★。	
综合评价(自我评价):	

对本项目作品进行升级,实现以下功能:判断噪声是否超过阈值,并对应显示两种颜色的 LED 指示灯。

4 让眼睛更舒适
——制作教室光线监测器

同学们注意过没有，即使在天气比较好的时候，一楼教室里面的光线都比较昏暗。如果遇上下雨或者阴天，教室光照条件更差，这对同学们的视力影响非常大。本项目我们将为学校的教室设计一种能实时监测教室光线强度的监测器，当光线昏暗时，及时提醒同学们注意保护视力。

图 4-1 教室里昏暗的光线

项目描述

设计一个能监测和判断教室光线强度的装置，并自动控制灯的开和关。

器材清单

UNO 板 ×1、UNO 扩展板 ×1、光线传感器模块 ×1、RGB 模块 ×1、USB 数据线 ×1、9V 电池及电池扣 ×1、杜邦线若干。

教室光线明暗的判断需要使用到光线传感器模块,它能感受到环境光线的变化,并输出相应的值。本项目中,我们可以通过 UNO 板处理光线传感器的数据判断,并通过 RGB 模块的颜色变化提示光线强度是否达标,比如: 绿色表示合格,红色表示偏暗。

光线传感器具有方向性,只感应传感器正前方的光源。很多平板电脑和手机都配备了该传感器,一般位于设备屏幕上方。它能根据设备目前所处的光线亮度,自动调节屏幕亮度,给使用者带来最佳的视觉效果。例如在黑暗的环境下,设备屏幕背光灯就会自动变暗。

图 4-2　光线传感器模块

RGB 模块有三种颜色的灯,分别为红(R)、绿(G)、蓝(B)。我们可以通过改变 RGB 值(0~255)来设置 RGB 灯的颜色,如: 红色(R: 0, B: 255, G: 255)、绿色(R: 255, B: 255, G: 0)、蓝色(R: 255, B: 0, G: 255),当 R、G、B 值都为 255 时,RGB 灯熄灭。每种颜色有 256 级,可组合成 256×256×256 种(16777216)种颜色,实现全彩的效果。接线时,V 接正极,R、B、G 分别接 PWM 管脚如 D9、D10、D11。

RGB 模块根据公共端的不同分为共阳极和共阴极两种,本教材使用的是共阳极 RGB 模块,即公共端 V 接正极,当管脚为低电平时对应颜色亮起。如果使用的是共阴极 RGB 模块,则公共端接负极,当管脚为高电平时对应颜色亮起。

图 4-3 RGB 模块

例如：点亮 RGB 灯，并将它设为绿色。

参考程序：

当光线太暗时，RGB 灯亮红色，提示教室要开灯了；当光线合适时，则 RGB 灯亮绿色，提示光线正常。

同学们，如何利用亮度传感器、UNO 板以及 RGB 模块来实现教室光线监测和状态的显示，请把你的设计方案写在下面。

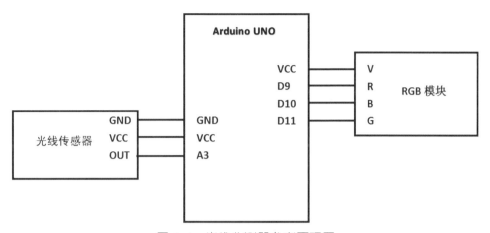

图 4-4　光线监测器参考原理图

根据原理图分别将光线传感器、RGB 模块与 UNO 板及 UNO 扩展板相连。

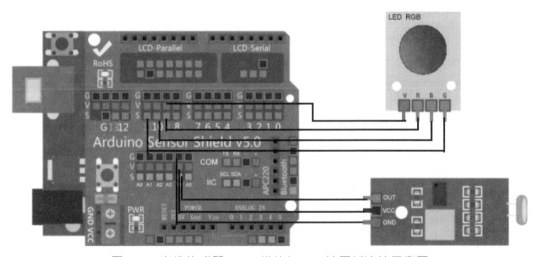

图 4-5　光线传感器、RGB 模块与 UNO 扩展板连接示意图

在本项目的示例中,我们将亮度的设定值设为 800。当光线传感器实时获取的值大于 800 时,说明此时教室光线充足,绿灯亮;当亮度传感器实时获取的值小于 800 时,说明此时教室光线暗,红灯亮。

图 4-6　光线监测器参考程序

在完成项目过程中,可根据实际测试的情况来调整设定值的大小。

为了把我们的作品制作得更美观实用,可准备空纸盒和彩色卡纸等材料对作品进行结构设计和装饰。制作时注意将 UNO 板及 UNO 扩展板、电池等部分装入结构内部,只把光线传感器和 RGB 模块的灯留在外面。使用时只需将光线监测器放在同学们的教室里就可以显示我们需要的信息。

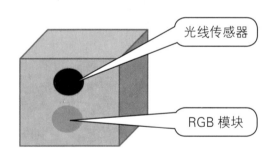

光线传感器

RGB 模块

图 4-7　光线监测盒设计示意图

　　我们还可以用其他工具设计出更美观、更耐用、更有创意的造型和结构,比如可以使用 3D 打印设备打印和制作结构造型。

在完成本项目的过程中，你有哪些收获，请对照下表进行评价，将得到的☆涂色。

项目评价表

评价指标	评价结果
1. 掌握光线传感器和 RGB 模块的使用方法。	☆☆☆☆☆
2. 个人或团队能完成项目,作品能够测试成功。	☆☆☆☆☆
3. 在团队中能够积极协作、互相帮助,沟通良好。	☆☆☆☆☆
在本项目中,我共得到　颗★。	
综合评价(自我评价):	

学习了 RGB 模块的使用方法后，请同学们为自己的班级制作一个能变色的装饰灯。

5 学习环境我监测
——教室学习环境监测系统设计

温度和湿度与人们的生活息息相关。冬暖夏凉的教室能为同学们提供良好的学习环境。夏天的炎热、冬天的寒冷、春秋的干燥都将离你远去，舒适的教室作为温暖的港湾能让同学们享受美好的学习时光。本项目将运用声音传感器、光线传感器和温湿度传感器设计教室学习环境监测系统。

图 5-1　舒适的学习环境

项目描述

设计一套能实时监测教室噪声、光线、温度和湿度等环境数据，在超标时可通过不同颜色的灯光进行报警提示的教室学习环境监测系统。

器材清单

UNO 板 ×1、UNO 扩展板 ×1、声音传感器 ×1、光线传感器 ×1、DHT11 温湿度传感器 ×1、RGB 模块 ×1、USB 数据线 ×1、9V 电池及电池扣 ×1、杜邦线若干。

温湿度数据的采集需要使用到 DHT11 温湿度传感器,包括一个电阻式感湿元件和一个 NTC 测温元件,并与一个高性能 8 位单片机相连接。

图 5-2 DHT11 温湿度传感器模块

DHT11 温湿度传感器是一款含有已校准数字信号输出的温湿度复合传感器,可同时采集环境空气的温度和湿度数据。在 Mixly 中使用专用指令模块获取数据,比如将 DHT11 温湿度传感器接在 A3 接口,则代码为 ,点击"获取温度"旁的下拉列表,可以切换到"获取湿度"。

如何利用声音传感器、光线传感器和 DHT11 温湿度传感器、RGB 模块以及 UNO 板来实现教室环境系统的监测和状态的显示?请把你的设计方案写在下面。

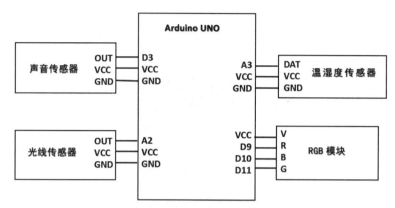

图 5-3　教室学习环境监测系统参考原理图

　　根据参考原理图分别将声音传感器、光线传感器、DHT11 温湿度传感器和 RGB 模块与 UNO 板及 UNO 扩展板用杜邦线进行连接。我们根据教室里温度和湿度的高低来判断教室环境是否舒适。例如，教室里，当温度超过 30℃时，红灯亮提示太热；当温度低于 15℃时，蓝灯亮提示太冷；当温度高于 15℃并低于

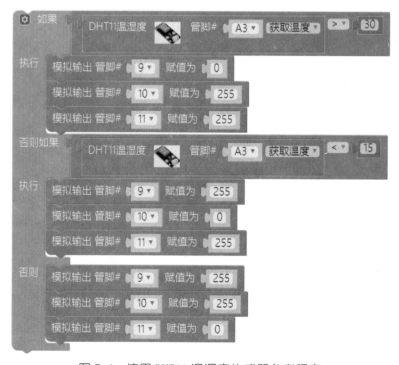

图 5-4　使用 DHT11 温湿度传感器参考程序

30℃时，绿灯亮表示很舒适。其他的传感器也可以进行类似的环境数据获取和分析判断,如何实现就留给同学们思考吧。

为了把我们的作品制作得更美观实用,我们可准备 KT 板、空纸盒和彩色卡纸等材料对作品进行结构设计和装饰。制作时注意将 UNO 板及 UNO 扩展板、电池等部分装入结构内部,把声音传感器、光线传感器、DHT11 温湿度传感器和 RGB 模块灯留在外面。

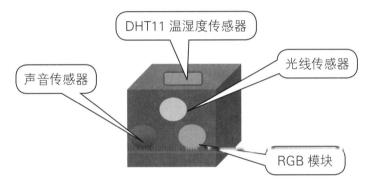

图 5-5　教室学习环境监测系统设计示意图

我们还可以使用其他工具制作出更美观、更耐用、更有创意的造型,比如可以使用 3D 打印机制作外壳造型。

在完成本项目的过程中,你有哪些收获,请对照下页表进行评价,将得到的☆涂色。

项目评价表

评价指标	评价结果
1. 掌握 DHT11 温湿度传感器的使用方法。	☆☆☆☆☆
2. 个人或团队能完成项目,作品能够测试成功。	☆☆☆☆☆
3. 在团队中能够积极协作、互相帮助,沟通良好。	☆☆☆☆☆
在本项目中,我共得到　颗★。	
综合评价(自我评价):	

第三章

智慧花园更美丽

　　世界上有许多地方水资源非常匮乏，很多植物因为不能及时补充水分而枯死。为了解决植物的缺水问题，人们想出了一种办法：下雨时将雨水收集起来，等植物需要水的时候再加以利用。目前能够收集雨水和浇灌的装置有不少，但许多需要人工进行管理，缺乏智能化的控制，不方便、不实用。因此本章中我们想为学校的花园设计一种能根据土壤湿度和储水箱水量等因素实现智慧管理的智能浇灌系统。

6 植物渴了吗
——制作土壤湿度监测盒

同学们,你们知道校园中花园里的植物什么时候"渴了"? 什么时候应该浇水了吗? 相信很多同学是通过观察植物周边土壤的干湿程度来判断的,那么能不能让这个判断土壤湿度的过程用智能设备来实现呢? 本节课就让我们一起来设计一个判断校园中的植物是否缺水的装置。

图 6-1　校园中的植物

项目描述

设计一个能监测和判断校园中的植物是否缺水的土壤湿度监测盒。

器材清单

UNO 板 ×1、UNO 扩展板 ×1、USB 数据线 ×1、土壤湿度传感器 ×1、IIC LCD1602×1、9V 电池及电池扣 ×1、杜邦线若干。

学一学

土壤湿度数据的获取需要使用到土壤湿度传感器，它是根据土壤中含水量的多少来判定土壤的干湿程度的。当土壤缺水时,传感器输出值将减小,反之将增大。

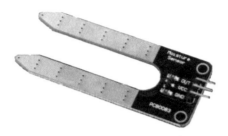

图 6-2　土壤湿度传感器

土壤湿度传感器为模拟传感器。在使用前,同学们需要进行测试,测出土壤湿度传感器的取值范围。

图 6-3　土壤湿度传感器测试参考程序

图 6-4　串口监视器查看土壤湿度传感器测试数据

经过测试,我们发现土壤湿度传感器放在空气中时,返回值为 0;完全浸入水中时,返回值约为 680。我们可以根据这个取值范围在编写程序时进行参数的设定。

获取的数据和植物状态的显示我们选择 IIC LCD1602。IIC LCD1602 也叫 1602 字符型液晶,它是一种专门用来显示字母、数字、符号等的点阵型液晶模块。

图 6-5 IIC LCD1602

IIC LCD1602 的 4 个引脚分别连接 UNO 扩展板的 GND、VCC、SDA、SCL 这四个接口。IIC LCD1602 模块的工作电压为 5V,它有背光效果并且可以调节对比度。

本项目中使用的 IIC LCD1602 接口通信地址为 0x27,因芯片版本的不同会造成通信地址的不同。除了 0x27 外,常见的地址还有 0x3f、0x20 等。

本项目用测量植物旁土壤湿度的方法来判断植物是否缺水。我们可以把项目分解成三个小任务:土壤湿度数据的采集、是否缺水的判断和状态的显示。

同学们,我们如何利用土壤湿度传感器、IIC LCD1602 以及 UNO 板和 UNO 扩展板等器材来实现以上功能呢?请把你的设计方案写在下面。

做一做

设计一种参考方案,我们可以试着按以下思路来实现:土壤湿度传感器作为数据采集模块,将采集到的数据交给主控模块 UNO 板进行分析判断,并将结果在 IIC LCD1602 上显示出来。如果土壤湿度大,则反馈植物生长情况良好;如果土壤湿度小,达到或低于某一个设定值时,则显示实时数据并发出警报。

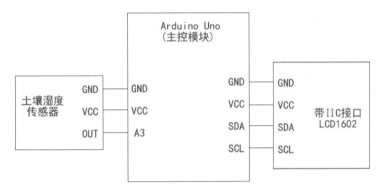

图 6-6 土壤湿度监测盒原理图

根据原理图分别将土壤湿度传感器、IIC LCD1602 与 UNO 板及 UNO 扩展板相连。

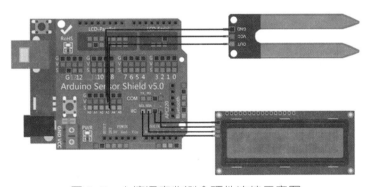

图 6-7 土壤湿度监测盒硬件连接示意图

在本项目的示例中,我们将植物缺水的设定值设为 200。当土壤湿度传感器实时获取的值小于或等于 200 时,说明此时植物缺水,IIC LCD1602 上显示"I am thirsty!";当土壤湿度传感器实时获取的值大于 200 时,IIC LCD1602 上显示"I am fine!"。

各位同学在完成项目的过程中,可根据实际测试的情况来调整设定值的大小。

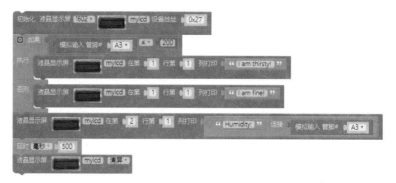

图 6-8　土壤湿度监测盒参考程序

我们已经学习了土壤湿度监测盒的基本原理和程序,如何把我们的这个项目作品设计得更加美观实用呢?请同学们充分发挥自己的想象力和创造力,对项目作品进行结构设计和装饰。

建议同学们将 UNO 板及 UNO 扩展板、电池等部分装入结构内部,把显示数据的 IIC LCD1602 的屏留在外面。这样做的好处是既美观实用,又可以保护硬件器材。

同学们还可以使用其他工具制作出更美观、更耐用、更有创意的造型,比如可以使用 3D 打印机制作结构造型。

图 6-9　土壤湿度监测盒设计示意图

评一评

在完成本项目的过程中，你有哪些收获，请对照下表进行评价，将得到的☆涂色。

项目评价表

评价指标	评价结果
1. 掌握了土壤传感器和 IIC LCD1602 的使用方法。	☆☆☆☆☆
2. 个人或团队能完成项目，作品能够测试成功。	☆☆☆☆☆
3. 在团队中能够积极协作、互相帮助，沟通良好。	☆☆☆☆☆
在本项目中，我共得到　颗★。	
综合评价（自我评价）：	

本项目中，当土壤湿度传感器获取的值小于或等于设定值时，IIC LCD1602 上显示"I am thirsty!"。这样可清楚地告诉大家此时植物处于缺水状态，但由于是 LCD 屏上的字符显示，不太容易及时分辨和发现。

同学们能否在土壤湿度监测盒上增加一个红色的 LED 灯，当土壤湿度传感器获取的值小于或等于设定值时，不仅 IIC LCD1602 上显示"I am thirsty!"，而且红色 LED 灯也会亮起，以便让人们及时发现植物处于缺水状态。

7 花园的心情
——制作花园心情显示器

阳光、空气和水是植物生长的必要条件，如果植物不能够获得充足的水分，将会影响其正常生长。我们看到植物水分充足时欣欣向荣的样子，自己也会心情舒爽；而植物在缺水的时候，叶子"没精打采"的，也会让我们的心情受到影响。接下来我们来学习用土壤湿度传感器和 IIC 8×8 点阵模块，通过更直观的图形显示方式呈现植物对土壤湿度的反应。比如，我们可以用笑脸表示土壤湿度合适，哭脸表示土壤缺水。

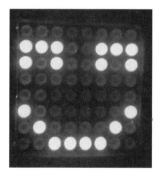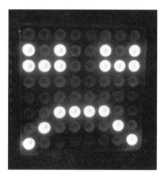

图 7-1　点阵模块显示图

项目描述

设计一个能监测花园中土壤湿度，并能根据土壤湿度情况分别用不同图案来显示的花园心情显示器。

器材清单

UNO 板 ×1、UNO 扩展板 ×1、USB 数据线 ×1、土壤湿度传感器 ×1、IIC 8×8 点 阵 模 块 ×1、9V 电池及电池扣 ×1、杜邦线若干。

IIC 8×8 的点阵模块由 8 行 8 列 64 个发光二极组成,有 SCL、SDA、VCC（或 +5V）、GND 4 个接口。在 Mixly "指令模块区" 的 "显示器" 部分可找到相关控制指令。

图 7-2　IIC 8×8 点阵模块

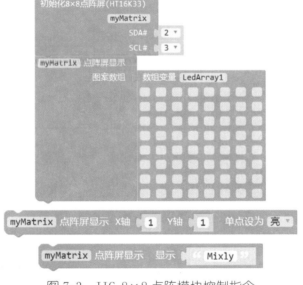

图 7-3　IIC 8×8 点阵模块控制指令

我们根据功能把项目分解成三个小任务:土壤湿度数据的采集、土壤湿度的判断、点阵模块图形的显示。如何制作花园心情显示器?请把你的设计方案写在

下面。

　　土壤湿度传感器作为数据采集模块,将采集到的数据交给主控模块 UNO 板进行分析判断,并将结果在 IIC 8×8 点阵模块上用图案的方式显示出来。如果光线强度大,达到或超过某一个设定值时,显示笑脸的图案;反之,则显示哭脸的图案。

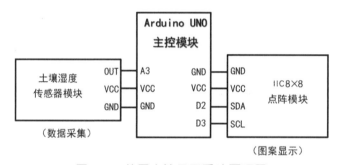

图 7-4　花园心情显示系统原理图

　　硬件连接:根据原理图分别将土壤湿度传感器、IIC 8×8 点阵模块与 UNO板及 UNO 扩展板相连接。

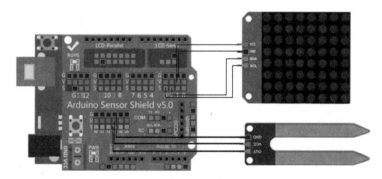

图 7-5　花园心情显示系统连接示意图

小贴士

注意 IIC 8×8 点阵模块 SDA、SCL 两个接口分别连接不同的数字管脚，一定要与软件的设置相对应。

在本项目的示例中，我们需要了解土壤湿度传感器采集数据的范围，可以通过串口打印指令实现。

图 7-6　串口显示光线传感器的值

因为监测的植物以及所处环境的不同，根据测试情况，我们暂且将土壤湿度的阈值设定为 200，当土壤湿度传感器实时获取的值大于等于 200 时，点阵模块上显示笑脸图案；当土壤湿度传感器实时获取的值小于 200 时，说明此时植物缺水，点阵模块上显示哭脸图案。同学们在制作的过程中，可根据实际测试的情况来调整设定值的大小。

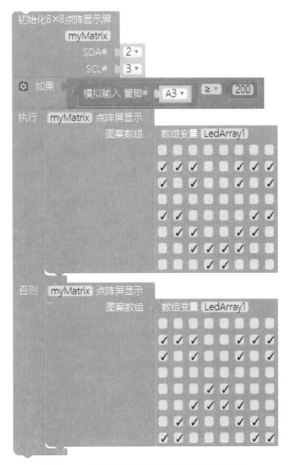

图 7-7　花园心情显示系统参考程序

为了把我们的作品制作得更美观实用，我们可准备 KT 板、空纸盒和彩色卡纸等材料对作品进行结构设计和装饰。制作时注意将 UNO 板及扩展板、电池等部分装入结构内部，只把 IIC 8×8 点阵模块留在外面。使用时只需将土壤湿度传感器插入植物旁的土壤中，显示屏上就可以展示我们需要的信息。

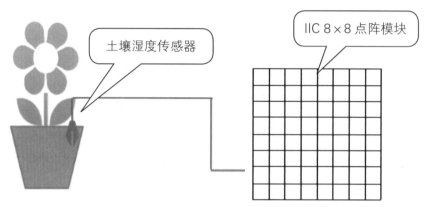

图 7-8　花园心情显示系统示意图

我们还可以用更丰富的材料设计出更美观、更耐用、更有创意的造型和结构，比如可以使用 3D 打印设备打印和制作结构造型。

在完成本项目的过程中，你有哪些收获，请对照下页表进行评价，将得到的☆涂色。

项目评价表

评价指标	评价结果
1. 掌握了 IIC 8×8 点阵模块的使用方法。	☆ ☆ ☆ ☆ ☆
2. 个人或团队能完成项目,作品能够测试成功。	☆ ☆ ☆ ☆ ☆
3. 在团队中能够积极协作、互相帮助,沟通良好。	☆ ☆ ☆ ☆ ☆
在本项目中,我共得到　颗★。	
综合评价(自我评价):	

在实际生活中,土壤湿度是一个逐渐变化的范围,我们能否对本项目作品进行升级,实现以下功能:获取土壤湿度数据;判断土壤水分太多、土壤湿度合适、严重缺水 3 种状态,并对应显示大笑脸、微笑脸和哭脸?

8 雨水去哪儿
——制作智能雨水收集箱

在前面的学习中，我们解决了如何利用智能硬件及时检测到土壤中水分的含量，但如何实现自动为植物补水呢？水从哪里来呢？接下来，我们一起来为校园设计一个能自动收集储存雨水，并能实现雨水自动灌溉的智能雨水收集箱。

图 8-1　校园里的湿地和雨水收集池

项目描述

设计一个能收集雨水，并能自动开关水阀保持恒定水位的智能雨水收集箱。

器材清单

UNO 板 ×1、UNO 扩展板 ×1、水位传感器 ×1、舵机 ×1、USB 数据线 ×1、9V 电池及电池扣 ×1、杜邦线若干。

水位数据的采集需要使用到水位传感器，它根据传感器浸入水体部分的多少来判定水位的高低。当传感器在水中的部分少，输出数值就较小，反之输出数值较大。在这个传感器的帮助下，我们就能准确了解储水器中的水位情况。

图 8-2　水位传感器

水位传感器为模拟传感器。在空气中时，读取的值为 0，为了准确地掌握水位传感器最低水位和最高水位的数值，我们最好能先用程序检测一下相应的取值范围。

我们先将水位传感器连接到 UNO 扩展板的 A3 接口，然后编写程序，利用串口监视器来显示水位传感器返回的数值。我们可以分别记录最低水位、最高水位和中间水位三个数值，方便后面在程序中使用。

图 8-3　水位传感器检测程序及串口监视窗口

另外,为了控制水流的进出,我们还要给储水装置设计一个闸门。如果我们采用水闸的形式,可以用舵机来控制闸门的开启,控制水流进出。

图8-4 舵机

舵机是一种位置(角度)伺服的驱动器,适用于那些需要角度不断变化并可以保持的控制系统。舵机通常情况下只能旋转180°。目前,在高档遥控玩具,如飞机、潜艇模型,遥控机器人中已经得到了普遍应用。

测试舵机:舵机的连接线有3根,分别为棕、红、橙(棕色连接 GND、红色连接 VCC、橙色连接信号 S)。其中,S 可连接于 UNO 板或 UNO 扩展板的 2~13 数字接口。

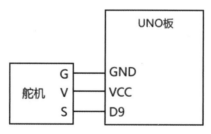

图8-5 舵机连接原理图

图8-6 舵机测试参考程序

请同学们按上面的程序分别将连接线安到 UNO 板中,并给舵机安装一个摆臂,观察舵机摆臂转动的情况,试着感受"角度"是如何控制舵机转动的。

想一想

同学们,如何设计智能雨水收集箱各部分的结构? 如何用舵机实现闸门的开关? 看看身边还有哪些废旧材料或其他容易得到的材料可以用于我们的制作。请把你的设计方案写在下面。

做一做

在以下参考设计方案中, 我们设置了水位自动监测装置。水位传感器作为数据采集模块,将采集到的数据交给UNO板进行分析判断。如果达到设定水位,就发出指令控制舵机关闭闸门,不让水继续流入水箱; 如果没有达到设定水位,就控制舵机转动摆臂使闸门打开,让水流入。

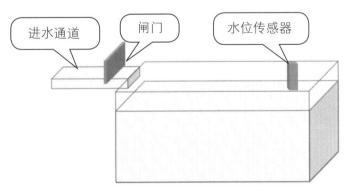
图 8-7 智能雨水收集箱设计示意图

　　根据智能雨水收集箱设计原理图分别将水位传感器、舵机与 UNO 板及 UNO 扩展板相连。

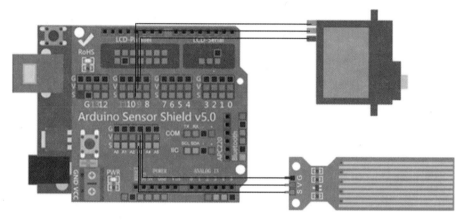

图 8-8　舵机、水位传感器与 UNO 扩展板连接示意图

　　在本项目的示例中,我们将水位传感器达标水位值设定为 700。因为在前面的测试环节,我们测定此水位传感器最高检测值为 700 左右。也就是说,系统设定当水位传感器实时获取的值大于等于 700 时,要求控制舵机转动摆臂,关闭水闸。同学们在完成项目过程中,可根据实际测试的情况来调整设定值的大小。

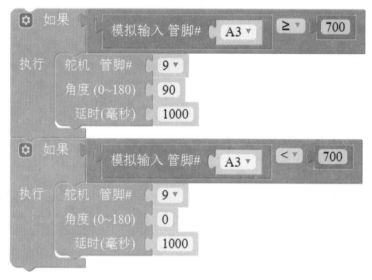

图 8-9　智能雨水收集箱参考程序

我们如何把智能雨水收集箱设计得更加美观实用呢？请同学们充分发挥自己的想象力和创造力，拿出你认为最优秀的项目作品进行展示交流。

在完成本项目的过程中，你有哪些收获，请对照下表进行评价，将得到的☆涂色。

项目评价表

评价指标	评价结果
1. 掌握了水位传感器和舵机的使用方法。	☆☆☆☆☆
2. 个人或团队能完成项目，作品能够测试成功。	☆☆☆☆☆
3. 在团队中能够积极协作、互相帮助，沟通良好。	☆☆☆☆☆
在本项目中，我共得到　颗 ★。	
综合评价（自我评价）：	

对本项目作品进行升级，实现以下功能：获取水箱中的水位数据；根据水位数据判断排水阀门是否需要打开；控制排水阀门排水。

9 我的智慧花园
——花园智慧浇灌系统的设计

目前,生态文明和可持续发展理念日益深入人心。在我国人均水资源日益短缺的情况下,怎样节水和加强水资源的回收利用,已越来越受到大家的关注。雨水作为自然界水循环的阶段性产物,是城市中十分宝贵的水资源。同时校园在城市中属于面积较大、开展雨水利用有先天优势的区域。在这里开展节水活动,除了能节约资源,更重要的是能在广大师生中传播环境保护理念,具有十分重要的现实意义。

接下来,就让我们一起来设计一个利用雨水进行浇灌的花园智慧浇灌系统吧!

图9-1 利用雨水的花园智慧浇灌系统

项目描述

设计制作一个能监测花园土壤湿度数据、雨水收集数据,并利用雨水资源进行浇灌的花园智慧浇灌系统。

器材清单

UNO板 ×1、UNO扩展板 ×1、USB数据线 ×1、水位传感器 ×1、舵机 ×2、9V电池及电池扣 ×1、杜邦线若干。

哪些地方可以用来做雨水收集改造呢？最好的一处场所就是屋顶了，我们可以在教学楼屋顶的四周设置一些储水装置，同时也可以在屋顶建设一些小型的花坛、铺设草坪或摆放盆栽的绿植。学校屋顶设置收集雨水的水箱用于浇灌屋顶花园，这样既利用了雨水，也增加了绿化面积。

图 9-2　雨水收集箱

在房檐下安装雨水收集槽，可把雨水通过水槽和导管系统汇集到地面储水设施中。

图 9-3　雨水收集管道

图 9-4　地面雨水收集箱

解决了储水的问题，同学们就可以用前面几节学习到的知识，使用 UNO 板和土壤湿度传感器、水位传感器、舵机等智能硬件设备结合 Mixly 编程工具来开发我们自己的花园智慧浇灌系统了。

请同学们在校园中找一处较为合适的场地，想一想：如何利用已有的条件，设计制作一个简易的学校花园浇灌系统？大家可以因地制宜，以一个小花坛或者一盆绿植作为一个系统，也可以一个建筑物作为一个系统来设计。当然设计的范围越大、覆盖的设施越多，系统就会越复杂，因此要充分考虑各种因素，量力而行。

请把你的设计方案写在下面。

第一步：将雨水收集起来引入蓄水箱，并通过水位传感器进行分析判断，实现自动控制。如果储水箱没有达到设定水位，就控制舵机转动摆臂使闸门打开，让水流入；如果储水箱达到设定水位，控制舵机使得闸门关闭，不让水继续流入水箱。

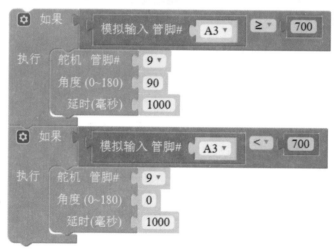

图 9-5　储水箱闸门控制参考程序

第二步：利用土壤湿度传感器获取土壤湿度数据，并使用 LCD1602 显示屏显示实时数据，同时使用 IIC 8×8 点阵模块显示图案表示土壤缺水状态。通过UNO 板来实现智能控制，如果水箱水位达到设定值：当土壤湿度较低时，控制舵机打开出水阀门,开始浇灌花园;当土壤湿度较高时,控制出水阀门保持关闭,停止浇灌花园。

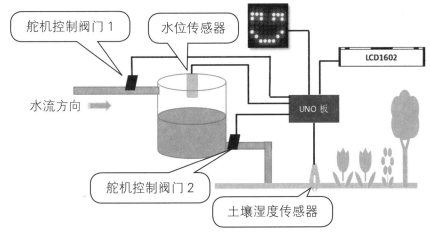

图 9-6 智慧花园系统参考方案示意图

在完成本项目的过程中,你有哪些收获,请对照下表进行评价,将得到的☆涂色。

项目评价表

评价指标	评价结果
1. 掌握了土壤湿度传感器、水位传感器、IIC 8×8 点阵模块以及舵机的使用方法。	☆☆☆☆☆
2. 个人或团队能完成项目,作品能够测试成功。	☆☆☆☆☆
3. 在团队中能够积极协作、互相帮助,沟通良好。	☆☆☆☆☆
在本项目中,我共得到　颗★。	
综合评价(自我评价):	

第四章

智慧校园更安全

美丽的校园是我们学习和生活的地方，这里处处洋溢着同学们的欢声笑语。可是，同学们是否注意过我们身边存在的一些安全隐患呢? 有些同学不注意安全问题，从而发生了一些原本可以避免的安全事故。希望每位同学都心存安全常识，快快乐乐上学去，平平安安回家来。

本章我们将一起来设计制作超声波测距仪、人体红外感应报警器、校园智能安全系统，时时提醒同学们要与校园中的危险区域保持安全距离，让我们的校园更安全。

10 请保持安全距离
——制作超声波测距仪

校园是我们学习知识、健康成长的地方。然而有些同学在课间休息、玩耍的时候，喜欢随意触摸一些危险的设备，如校园内的电线杆、教室里的电源插头等，忽视了安全问题，导致发生了一些不必要的事故。这也让关心我们的老师、家长时时担心牵挂。为了提醒大家时刻注意自己的安全，与这些设备保持距离，我们将一起来设计制作一个超声波测距仪，提醒同学们与危险区域时刻保持安全距离。

图 10-1 校园中需要注意安全的设备

项目描述

设计制作一个在人接近设备时能进行报警提示的超声波测距仪。

器材清单

UNO 板 ×1、UNO 扩展板 ×1、USB 数据线 ×1、超声波传感器 ×1、无源蜂鸣器 ×1、9V 电池及电池扣 ×1、杜邦线若干。

检测人与设备之间的距离需要使用到超声波传感器模块，它是利用超声波的反射原理来测量距离的。普通的超声波传感器模块测距范围是 2~400cm，分辨率 3mm。超声波传感器有 4 个接口，与 UNO 扩展板连接时，VCC 接电源，GND 接地，Trig 和 Echo 分别接数字管脚（如 D7 和 D8）。

图 10-2　超声波传感器模块

无源蜂鸣器有 3 个引脚：IN（输入端）、VCC（电源）、GND（接地）。

图 10-3　无源蜂鸣器模块

给无源蜂鸣器不同频率的信号，它就可发出不同音调的声音。

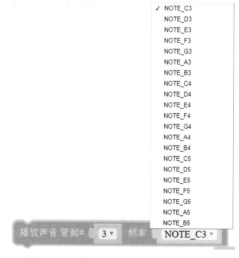

图 10-4　选用不同的频率播放声音

根据功能的不同，本项目可以分为三个小任务：检测出人与设备之间的距离、判断人与设备之间的距离是否小于设定值和发出危险报警提示。

如何设计制作一个超声波测距仪，实时提醒大家与危险区域保持安全距离？请把你的设计方案写在下面。

超声波传感器模块作为数据采集模块，将采集到的数据交给主控模块 UNO 板进行分析判断，如有危险将由无源蜂鸣器模块发出警示。

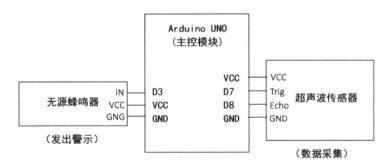

图 10-5　超声波测距仪参考设计图

根据设计图分别将超声波传感器模块、无源蜂鸣器模块与 UNO 板及 UNO 扩展板用杜邦线连接。

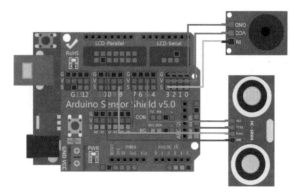

图 10-6 超声波测距仪硬件连接示意图

在本项目示例中超声波测距仪的危险距离值
设定为 10cm，大家可以根据实际情况进行调整。

在本项目的示例中，我们将危险距离值设定为 10cm。当超声波传感器实时
获取的值大于 10cm 时，人处于安全距离，无源蜂鸣器不发出警示；当超声波传
感器实时获取的值小于或等于 10cm 时，人处于危险距离内，无源蜂鸣器发出危
险警示。

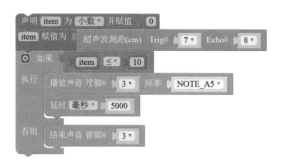

图 10-7 超声波测距仪参考程序

为了让我们的项目作品更美观实用，请同学们选择合适的材料对超声波测
距仪进行结构设计和装饰。制作作品时注意将 UNO 板及 UNO 扩展板、超声波

传感器、无源蜂鸣器、电池等部分装
入结构内部，并将该装置放置在需
要的地方，调整好超声波传感器的
方向，就可以实时监测了。

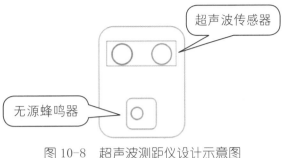

图 10-8　超声波测距仪设计示意图

在完成本项目的过程中，你有哪些收获，请对照下表进行评价，将得到的☆
涂色。

项目评价表

评价指标	评价结果
1. 掌握超声波传感器和无源蜂鸣器的使用方法。	☆☆☆☆☆
2. 个人或团队能完成项目，作品能够测试成功。	☆☆☆☆☆
3. 在团队中能够积极协作、互相帮助，沟通良好。	☆☆☆☆☆
在本项目中，我共得到　颗★。	
综合评价（自我评价）：	

请同学们对本项目作品功能进一步优化，使其能根据危险距离的不同情况
发出不同的危险报警提示，比如较危险的距离发出间断的危险警示，十分危险的
距离发出不间断的危险警示等。

11 请不要靠近我

——制作人体红外感应报警器

同学们知道在校园里有哪些地方是不能随意靠近的吗？比如学校给教室供电的配电房，里面有高压电源，我们不能靠近接触它；还有学校给大家提供营养午餐的食堂，里面的食品加工操作间也是大家不能靠近的地方。但是有些同学不注意或出于好奇心，喜欢在这些地方逗留。为了提醒大家注意，有人想出了一个好办法：在我们校园里的这些地方安装一些人体红外感应报警器，时刻提醒大家不要靠近这些设施。

图 11-1 校园中不能靠近的地方

本项目中，我们将一起来设计制作一个人体红外感应报警器。

项目描述

设计制作一个人体红外感应报警器。

器材清单

UNO 板 ×1、UNO 扩展板 ×1、USB 数据线 ×1、人体感应模块 ×1、无源蜂鸣器 ×1、9V 电池及电池扣 ×1、杜邦线若干。

人体红外感应模块是一种能检测人或动物发出的红外线而输出电信号的传感器模块。当被测物体进入感应模块的有效监测范围时，模块经判断有效后输出高电平信号。

自然界中任何有温度的物体都会辐射红外线，只不过辐射的红外线波长和强弱不同而已。实验表明，人体辐射的红外线（能量）波长主要集中在 10 000nm 左右。根据人体红外线波长的特点，人们设计了针对性探测人体红外线辐射的人体红外感应模块。

图 11-2　人体红外感应模块

人体红外感应模块有 3 个引脚，接线端口：VCC（电源）、OUT（输出端）、GND（地），接线时请参考右图，注意 VCC（电源）、OUT（输出端）的接线方式。图中两个橙色的电位器分别调节时间延时和感应距离，顺时针旋转为增加，逆时针旋转为减少。

报警器我们选择无源蜂鸣器，这种蜂鸣器可以按照我们给定的频率发声。当然，我们也可以使用有源蜂鸣器，有源蜂鸣器只需给一个高电平即可发出声音，给一个低电平即可关闭声音。

图 11-3　人体红外感应模块
引脚功能图

本项目可以分为三个小任务：实时监测人体红外信号、判断是否有人出现和发出危险报警提示。如何设计制作一个人体红外感应报警器呢？请把你的设计方案写在下面。

人体红外感应模块作为数据采集模块，将采集到的数据交给主控模块 UNO 板进行分析判断，如有危险则发出指令，由无源蜂鸣器发出警示。

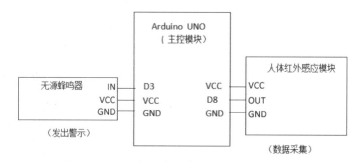

图 11-4　人体红外感应报警器参考原理图

根据原理图将人体红外感应模块、无源蜂鸣器与 UNO 板及 UNO 扩展板用杜邦线连接起来。

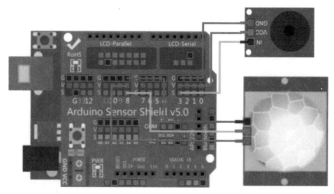

图 11-5　人体红外感应报警器硬件连接示意图

在本项目的示例中，当人体红外感应模块感应的范围内没有人出现时，无源蜂鸣器不发出警示；当人体红外感应模块感应的范围内有人出现时，无源蜂鸣器发出危险警示。

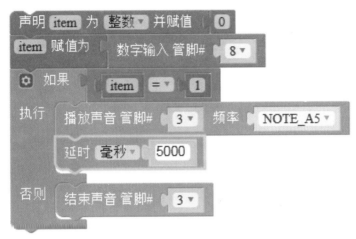

图 11-6　人体红外感应报警器参考程序

秀一秀

为了让我们的项目作品更美观实用，请同学们准备合适的材料对人体红外感应报警器进行结构设计和装饰。制作时注意将 UNO 板、无源蜂鸣器、电池等

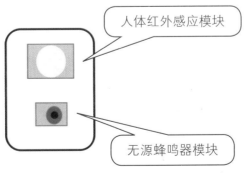

人体红外感应模块

无源蜂鸣器模块

图 11-7　人体红外感应报警器设计示意图

部分装入结构内部。将该装置放置在需要的地方，调整好人体红外感应模块的方向，就可以实时监控了。

评一评

在完成本项目的过程中，你有哪些收获，请对照下表进行评价，将得到的☆涂色。

项目评价表

评价指标	评价结果
1. 掌握人体红外感应模块和无源蜂鸣器的使用方法。	☆☆☆☆☆
2. 个人或团队能完成项目，作品能够测试成功。	☆☆☆☆☆
3. 在团队中能够积极协作、互相帮助，沟通良好。	☆☆☆☆☆
在本项目中，我共得到　颗★。	
综合评价（自我评价）：	

拓一拓

在前面的学习中，大家学习了 LED 模块的使用，同学们可以在人体红外感应报警器中加入它们，让你的人体红外感应报警器既有声音报警，又有灯光报警。

请你对本项目作品进一步优化，并实现无人靠近时绿灯亮起，不发出报警提示；有人靠近时，红灯亮起，无源蜂鸣器发出危险报警提示的功能。

12 平安校园
——校园智能安全系统设计

随着科技的发展,许多校园的教室里都安装了电子板、投影仪、视频展示台、计算机、空调等设备,给我们营造了更好的学习和生活环境。但随之也带来了很多不安全的因素,这些设备的防盗问题越来越受到大家的重视。比如:大家非常喜欢的计算机室的电脑,当我们离开校园时,谁来保护它们防止被盗呢?本项目中我们将自己动手设计校园智能防盗系统,保护这些设备的安全。

图 12-1 整洁的计算机教室

项目描述

设计制作能监测人体移动并报警的校园智能防盗系统。

器材清单

UNO 板 ×1、UNO 扩展板 ×1、USB 数据线 ×1、超声波传感器 ×1、人体感应模块 ×1、震动传感器 ×1、无源蜂鸣器 ×1、红色 LED 模块 ×1、9V 电池及电池扣 ×1、杜邦线若干。

检测设备周围的震动强度需要使用到震动传感器，震动传感器对环境震动敏感，一般用来检测周围环境的震动强度。在无震动或者震动强度达不到设定阈值时，输出高电平；当外界震动强度超过设定阈值时，输出低电平。

图 12-2　震动传感器

震动传感器，我们从名字就可以判断，传感器能够检测到物体的震动。在震动传感器中有一个滚珠开关，其内部含有导电珠子，器件一旦震动，珠子随之滚动，就能使两端的导针导通，就会有信号输出。震动传感器有 3 个引脚，接线端口：OUT（输出端）、VCC（电源）、GND（接地）。

监测设备周围是否有人靠近还需用到超声波传感器模块和人体红外感应模块，由 UNO 板判断周围是否有人出现，并给出是否发出报警提示的指令。发出危险报警提示的器材我们选择无源蜂鸣器、红色 LED 模块。

如何利用超声波传感器模块、人体红外感应模块、震动传感器模块、红色 LED 模块、无源蜂鸣器以及 UNO 板来设计制作一个校园智能安全系统？请把你的设计方案写在下面。

本系统的功能主要是数据采集、数据显示以及声光报警提示。中心处理单元为 UNO 板，数据采集由人体红外感应模块、震动传感器和超声波传感器来完成，将采集到的数据在 1602 液晶显示屏上显示出来，并接入无源蜂鸣器、红色 LED 模块，设定危险范围，实现在危险范围内报警的功能。

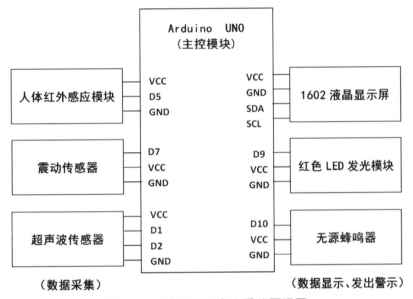

图 12-3　校园智能安全系统原理图

根据原理图分别将人体红外感应模块、震动传感器和超声波传感器、无源蜂鸣器、红色 LED 模块与 UNO 板及 UNO 扩展板用杜邦线进行连接。

在本项目的示例中，当人体红外感应模块检测到周围无人出现时，液晶屏显示 "Security" 和超声波传感器检测到的距离，无源蜂鸣器不发出警示；当人体红外感应模块检测到周围有人出现，液晶屏显示 "Alarm" 和超声波传感器检测到的距离，无源蜂鸣器发声音报警提示。当震动传感器检测周围有震动时，红色 LED 模块会发出灯光报警提示。

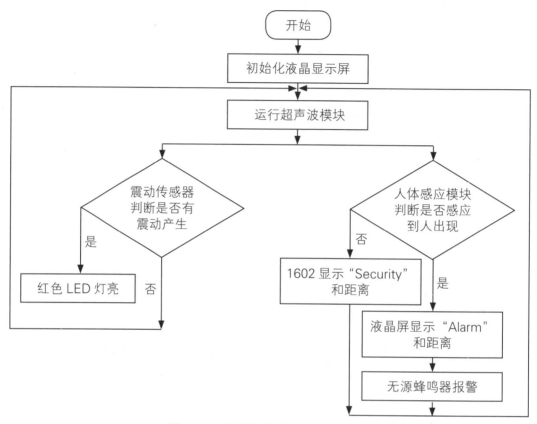

图 12-4 校园智能安全系统流程图

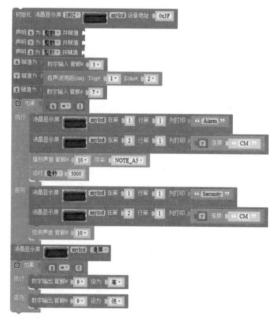

图 12-5 校园智能安全系统参考程序

为了让我们的项目作品更美观实用，我们可以准备 KT 板、彩色卡纸等材料对做好的校园智能安全系统进行结构设计和装饰。制作时注意将 UNO 板、超声波传感器、人体红外感应模块、震动传感器、无源蜂鸣器、红色 LED 模块、电池等部分装入结构内部。将该装置放置在需要的地方，调整好超声波传感器和人体红外感应模块的方向，就可以实时监控了。

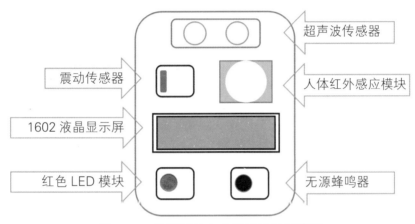

图 12-6　校园智能安全系统设计示意图

在完成本项目的过程中，你有哪些收获，请对照下表进行评价，将得到的☆涂色。

项目评价表

评价指标	评价结果
1. 掌握震动传感器的使用方法。	☆☆☆☆☆
2. 会综合利用所学知识设计制作校园智能安全系统。	☆☆☆☆☆
3. 个人或团队能完成项目，作品能够测试成功。	☆☆☆☆☆

（续表）

评价指标	评价结果
4. 在团队中能够积极协作、互相帮助,沟通良好。	☆☆☆☆☆
在本项目中,我共得到　颗★。	
综合评价(自我评价):	

拓一拓

　　同学们听说过火焰传感器吗? 火焰传感器是一种对火焰特别敏感的传感器,它能被用来检测火焰的产生。我们可以在本项目中加入火焰传感器,增加以下功能: 检测设备周围的火警信息,能判断周围是否可能有火灾出现,并通过液晶显示屏模块、LED 模块、蜂鸣器等发出危险报警提示。

第五章

智慧校园更便捷

　　智慧校园里的传感器能感知和获取各种环境数据，就像给我们的校园添上了"大脑""眼睛""鼻子"和"耳朵"。但老师和同学们有时还是会觉得不太方便，比如说晚上每层楼里的灯都要逐层开关等。请同学们发挥自己的创客精神，再给校园添"一双手"，让校园变得更智慧、更便捷。

　　本章我们将学习红外遥控的相关功能，还将一起为校园设计制作遥控灯和遥控升降旗杆。相信通过同学们的创意设计，一定会给我们的校园学习和生活带来便捷，使我们的校园更加"智慧"。

13 便捷的灯
——制作校园红外遥控灯

同学们的学习生活离不开灯，校园里许多地方都有灯，像教室里、办公室里、实验室里、走廊上、卫生间里、操场上……如此多的灯怎样合理地进行管理和控制，才能既给大家带来光明，又不会造成使用不便和浪费呢？

本项目我们将为校园设计制作一种红外遥控灯，通过一个遥控器对校园里的灯进行开关控制，让灯的使用更加便捷。

图 13-1　校园里的路灯

项目描述

　　设计制作一个校园里的红外遥控路灯。

器材清单

　　UNO 板 ×1、UNO 扩展板 ×1、红外遥控器 ×1、红外接收模块 ×1、LED 模块 ×1、9V 电池及电池扣 ×1、USB 数据线 ×1、杜邦线若干。

学一学

红外遥控技术使用非常广泛。我们在生活中常常用到的遥控器，像电视遥控器、空调遥控器等都是使用的红外遥控。

红外遥控一般由红外发射和红外接收两部分组成，主要器材有红外遥控器和红外接收模块。本项目中使用的红外遥控器为通用遥控器，上面共有 21 个按键，每个按键都有各自的编码，按下后会发送对应的红外编码。

图 13-2　红外遥控器　　　　　　图 13-3　红外接收模块

红外遥控是利用近红外光进行数据传输的一种无线、非接触的控制技术。具有抗干扰能力强、信息传输可靠、功耗低、成本低等优点，被许多电子设备特别是家用电器广泛采用，并越来越多地应用到计算机和于机系统中。

同学们知道了红外遥控器不同按键发送的红外编码信号是不一样的，那我们又如何查看不同按键所对应的编码值呢？这些编码值在我们的设计制作中起什么作用呢？

同学们按照图 13-4 进行硬件连接，并完成红外遥控器不同按键编码值的查看，实现红外遥控 LED 灯的功能。

在硬件连接时请注意：红外接收模块上的 GND、VCC 和 DAT 分别接在 UNO 扩展板上的 G、V 和 D12 管脚；LED 模块的 IN、VCC 和 GND 分别连接在 UNO 扩展板上的 D3 管脚、V 和 G 上。

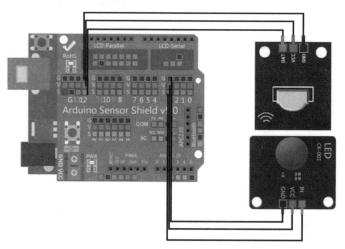

图 13-4　红外遥控路灯硬件连接示意图

图 13-5　用串口监视器查看按键返回编码值参考程序

上传程序后，打开串口监视器，按下红外遥控器按键，查看对应的返回编码值。

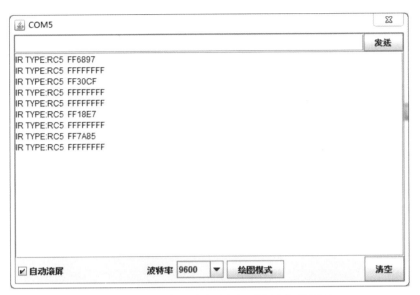

图 13-6 使用串口监视器查看按键的编码值

当按下不同的键时，看看接收到的编码值发生了什么变化。请同学们把按键对应的编码值记录在下表中。

红外遥控器按键值与编码对应表

红外遥控器的按键	该按键对应的值

因为串口打印使用了十六进制指令 `Serial 打印（16进制/自动换行） ir_item` ，所以我们获取的编码值是十六进制的，在编写程序时要在十六进制数值的前面加上 "0x"。如果我们使用十进制的指令 `Serial 打印（自动换行） ir_item` ，则可以直接使用获得的十进制值。下面，我们使用这些按键的编码值来实现路灯的红外遥控功能。

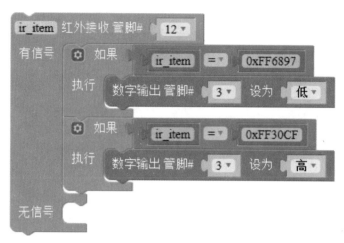

图 13-7　校园红外遥控路灯参考程序

同学们已经学习了红外遥控路灯的基本原理和程序,接下来,能否发挥自己的想象力和创造力,利用现有的材料或 3D 打印工具为路灯设计美观实用的结构和外观? 作品制作完成后秀一秀、比一比,看看哪些小组的作品完成得最有创意,最美观实用。

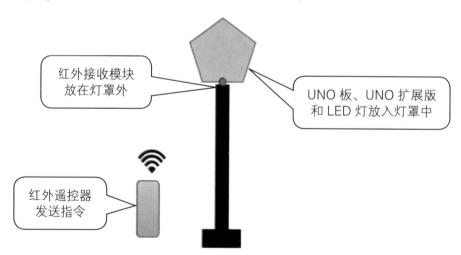

图 13-8　校园红外遥控路灯设计示意图

评一评

在完成本项目的过程中,你有哪些收获,请对照下表进行评价,将得到的☆涂色。

项目评价表

评价指标	评价结果
1. 掌握红外遥控的使用方法。	☆☆☆☆☆
2. 个人或团队能完成项目,能遥控电灯开关。	☆☆☆☆☆
3. 在团队中能够积极协作、互相帮助。	☆☆☆☆☆
在本项目中,我共得到　颗★。	
综合评价(自我评价):	

拓一拓

红外光穿过障碍物的能力很弱,在设计家用电器的红外遥控器时,每套发射器和接收器可以使用相同的遥控频率或编码。所以同类产品的红外遥控器,可以有相同的遥控频率或编码而不会出现遥控信号"串门"的情况。把这个原理应用到校园里,我们能否设计一个红外遥控功能器,并用它来控制学校的多盏路灯呢?

14 智能旗杆
——校园遥控升降旗系统的设计

在每个星期一的清晨，校园里都要举行隆重而庄严的升国旗仪式，对同学们进行爱国主义教育。不知道同学们注意过没有，在升旗的过程中，有时由于升旗手的经验不足或一些突发情况，会造成升旗速度忽快忽慢或国歌演奏完毕后国旗还没有升到旗杆顶端等情况，对升旗仪式的效果造成了影响。

为解决以上问题，本项目我们将为学校设计制作一个遥控升降旗系统。

图 14-1 校园里的旗杆

项目描述

设计制作具有红外遥控功能的升降旗系统模型。

器材清单

UNO 板 ×1、UNO 扩展板 ×1、红外遥控器 ×1、红外接收模块 ×1、L298N 电机驱动模块 ×1、TT 马达 ×1、小车车轮 ×1、USB 数据线 ×1、9V 电池及电池扣 ×1、升旗绳、杜邦线若干。

同学们，你们知道升旗和降旗是利用定滑轮的原理实现的吗？本项目中，我们想实现旗帜的升降，可以选用直流减速电机（TT 马达）来带动绳索完成国旗的上升或下降。

图 14-2　TT 马达

TT 马达的使用需要电机驱动模块驱动，常用的 L298N 电机驱动模块可驱动两路直流减速电机，并且可以对直流电机进行 PWM 调速。我们通过改变 L298N 模块控制端的电平高低，就可以实现对 TT 马达的正转、反转和停止等操作。

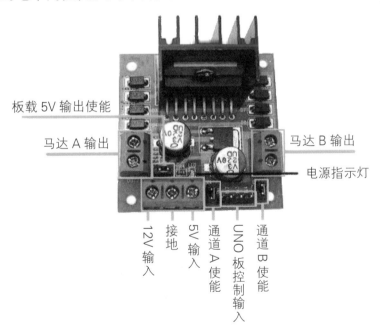

图 14-3　L298N 电机驱动模块引脚功能图

我们将 L298N 电机驱动模块中的 IN1 和 IN2 端口分别连接 UNO 扩展板上的数字管脚 2 和 3。当数字 2、3 管脚分别输出为高电平和低电平，即 IN1、IN2

分别输入 1 和 0 时，TT 马达开始转动。我们将此时马达转动的方向规定为正转方向，即马达带动升旗绳使旗帜上升。

如果要实现旗帜的升降和停止动作，我们需要如何设计结构，TT 马达和 L298N 电机驱动模块，以及 UNO 扩展板如何连接？数字 2、3 管脚输出哪些信息可以驱动 TT 马达正转和反转？

请同学们根据图 14-4 所示进行硬件连接，并通过红外遥控实现 TT 马达的正转、反转和停止动作。

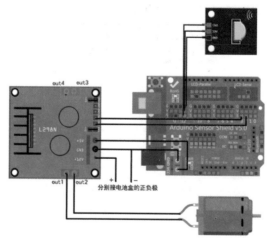

图 14-4　校园红外遥控升降旗系统硬件连接示意图

当数字 2、3 管脚分别输出为低电平和高电平，即 IN1、IN2 分别输入 0 和 1 时，TT 马达实现反转动作。

图 14-5　TT 马达反转降旗参考程序

图 14-6　TT 马达停止参考程序

在编写程序时，为了让程序更加简洁和更具有可读性，我们可以把 TT 马达正转、反转和停止的程序写成函数。

函数的编写只需把 TT 马达运动的程序放入函数框中，并修改函数名称即可。使用时在模块区调用函数名称的指令，就可以实现相应的动作。

图 14-7　TT 马达正转函数参考程序

　　　　将一部分代码整体包装起来并命名，在使用时直接调用名称，这样的程序叫作函数（或过程）。在 Mixly 的模块区中选择"函数"模块中的指令　　　　，把需要执行的指令放入到函数框内，并修改函数名称以方便识别。

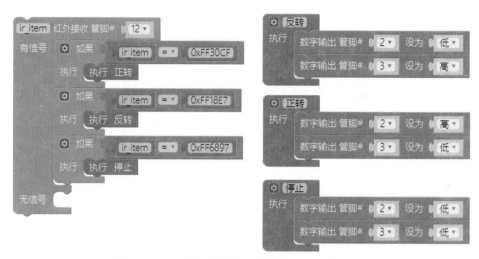

图 14-8　校园红外遥控升降旗系统参考程序

请同学们选择合适的材料为学校设计一个红外遥控升降旗杆的模型，并能实现升旗、降旗和停止的功能。比一比，看看哪一组的旗杆设计得更美观实用。

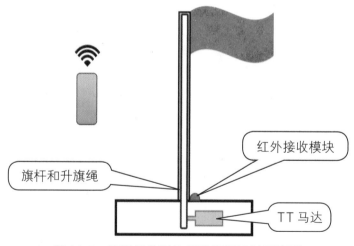

图 14-9　校园红外遥控升降旗杆设计示意图

在完成本项目的过程中，你有哪些收获，请对照下页表进行评价，将得到的

☆涂色。

项目评价表

评价指标	评价结果
1. 掌握 L298N 电机驱动模块和函数的使用方法。	☆☆☆☆☆
2. 个人或团队能完成项目,能用红外遥控器控制升降旗。	☆☆☆☆☆
3. 在团队中能够积极协作、互相帮助。	☆☆☆☆☆
在本项目中,我共得到　颗★。	
综合评价(自我评价):	

校园里每个星期一举行升旗仪式时,国歌演奏的时长为 46 秒。同学们能否为红外遥控器增加一项功能:当按下设定的键时,旗杆自动升旗,并且从国旗开始升起到升至旗杆顶端刚好用时 46 秒,实现国旗与国歌同步的效果。

要实现对升旗时间的控制,就要对 TT 马达进行调速。同学们需拆下 L298N 电机驱动模块上 ENA 的键帽。拆下键帽后的 ENA 有两根针脚,与 IN1、IN2 平行的是 ENA 使能端,剩下的是 5V 电源针脚。我们只需对 ENA 的使能端输入 PWM 脉冲,而剩下的 5V 电源针脚空闲即可。

第六章

智慧校园更高效

在前面的项目活动中，同学们分别设计制作了学习环境监测系统、花园智慧浇灌系统、便捷的遥控灯、智能安全系统和校园遥控升降旗系统等作品。但是，如何使这些智能应用高效地运转起来呢？这就必须要用到控制系统了。

本章中，我们将利用前面所学的知识，来创造由我们自己控制的智慧校园！

15 智慧校园我设计
——智慧校园的自主设计

在前面的章节中,我们已经学习设计制作了一个个的智慧校园作品。接下来,让我们利用所学的知识,合理地规划与设计出同学们心目中的智慧校园吧。

图 15-1　智慧校园元素

项目描述

合理规划、设计各种智慧校园系统,用红外遥控器统一控制各种智慧校园系统。

器材清单

希望点列举法创新发明训练表、项目实施计划表等。

系统论和控制论

系统论:是研究系统的结构、特点、行为、动态、原则、规律以及系统间的联系,并对其功能进行数学描述的新兴学科。系统论的主要任务就是以系统为对象，从整体出发来研究系统整体和组成系统整体各要素之间的相互关系。实际应用中，则强调运用系统论的规律，通过控制、管理、改造或创造系统，使它的存在与发展合乎人的需要。

控制论：是研究动物（包括人类）和机器内部的控制与通信的一般规律的学科，着重于研究过程中的数学关系。在控制论中，控制的基础是信息，一切信息传递都是为了控制，进而任何控制又都有赖于信息反馈来实现。

综合前面学过的知识，我们的智慧校园应包括哪些部分？

根据系统论理论，结合智慧校园的需求，我们一起来设计智慧校园的系统结构。智慧校园内容丰富，涉及面广。在前面的学习中，我们已经了解到智慧校园的部分应用项目，接下来就以这些项目为基础来组建我们的智慧校园系统体系（以下方案仅供参考，请同学们自行设计自己的方案）。

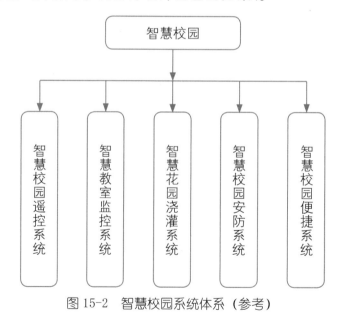

图 15-2　智慧校园系统体系（参考）

第一步：小组讨论人员分工方案

该如何发挥每位成员的特长，分工合作完成项目作品呢？一般而言，创客团队以3~5人为一组。任务一般可分为：功能设计、程序设计、结构与外观设计、展示解说等。

项目任务分工表

职 务	姓 名	具体工作
组 长		
组 员		

第二步：小组讨论功能设计方案

根据控制论理论，结合各子系统的需要，我们对子系统功能进行设计。

智慧校园各子系统功能设计方案（参考）

子系统	功能描述
①智慧校园遥控系统	开机状态下始终运行：监测自动模式和手动模式按钮是否被按下，根据监测结果决定执行自动模式还是手动模式
②智慧教室监控系统	自动模式下，当光线变暗时自动点亮白色LED灯，并在LCD1602上显示监测数据 在手动模式下，根据遥控信号进行开关灯，在LCD1602上显示监测数据

（续表）

子系统	功能描述
③智慧花园浇灌系统	自动模式下，当土壤状态显示干燥时，花园心情由笑脸变为哭脸，并放水浇灌，并在 LCD1602 上显示监测数据 手动模式下，根据遥控信号进行开关阀，控制浇灌操作，在 LCD1602 上显示监测数据
④智慧校园安防系统	自动模式下，当有人靠近危险区域或接近禁入区域时，发出防盗警报 手动模式下，根据遥控信号进行开关警报操作，在 LCD1602 上显示监测数据
⑤智慧校园便捷系统	自动模式下，自动周期性演示升降旗 手动模式下，根据接收到的遥控信号进行升旗、降旗

第三步：各组员分工设计方案

1.程序设计方案

负责程序设计的组员根据系统功能分析程序设计需求，按需求规划程序设计的方案，比如：总体程序架构、功能模块建模、信息传递流程等。

2.结构设计方案

负责结构设计的组员根据系统功能分析结构制作的需求，按需求规划结构设计方案，比如：总体结构框架、局部功能模块、局部联通关系和外观设计等。

3.展示交流方案

负责展示交流的组员根据本小组的设计方案制作 PPT 演示文稿，准备解说文案。

每个小组都会设计出自己的优化方案，看看谁的方案更科学、更有创意、功

能更强大。请拿出来秀一秀吧！

在完成本项目的过程中，你有哪些收获，请对照下表进行评价，将得到的☆涂色。

项目评价表

评价指标	评价结果
1. 个人或团队能完成规划设计智慧校园的项目。	☆☆☆☆☆
2. 在设计活动中善于提出新颖和有创意的想法。	☆☆☆☆☆
3. 在团队中能够积极协作、互相帮助。	☆☆☆☆☆
在本项目中，我共得到　颗 ★。	
综合评价（自我评价）：	

同学们可以对自己团队的制作过程进行拍摄，同时还可以记录下制作过程中遇到的问题，以及你们解决问题的方法。

16 智慧校园我创作
——智慧校园的自主搭建

上次活动中,我们已经利用所学知识,设计出了自己心目中的智慧校园。本次活动就让我们按照任务分工,一起动手搭建模型、编写程序,让梦想成为现实!

图 16-1 智慧校园模型作品

项目描述

按智慧校园计划书开展校园智能项目,搭建校园智慧场景,完成智慧校园模型制作。

器材清单

UNO 板 ×1、UNO 扩展板 ×1、IIC LCD1602×1、红外遥控器 ×1、红外接收模块 ×1、光线传感器模块 ×1、IIC 8×8 点阵模块 ×1、LED 模块 ×2、超声波模块 ×1、人体红外感应模块 ×1、有源蜂鸣器模块 ×1、土壤湿度传感器 ×1、声音传感器模块 ×1、舵机 ×1、L298N 电机驱动模块 ×1、直流减速电机 ×1、USB 数据线 ×1、9V 电池及电池扣 ×1、杜邦线若干。

其他材料：KT板、彩色卡纸、纸箱板、瓦楞纸、仿真花草、美工刀、剪刀、胶水等。

同学们经常可以看到制作精美的房屋建筑模型，如售楼部里的房屋模型、学校里的校园建筑模型等。这些都是使用易于加工的材料，依照建筑设计图样或设计构想，按缩小的比例制成的作品。

为了让我们的智慧校园系统管理和使用起来更方便，我们可以用一个红外遥控器来控制各个系统运行时的数据，使它们分别在LCD1602液晶屏上实时显示出来。

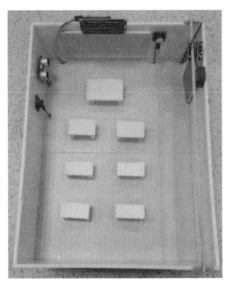

图16-2　智慧教室模型

我们也可以像图16-2这样来制作校园场景模型，如选择教室、花园等，然后安装好我们设计的智能系统，模拟出我们心中的智慧校园。

同学们还可以用更专业的工具制作出更美观的校园场景模型，比如可以在老师的帮助下，使用激光切割、3D打印等设备，制作出精美的结构，搭建出完美的场景。

我们的智慧校园体系内容繁多,如何管理工程进度? 如何使各功能模块更便于理解和调用? 请和团队成员一起讨论,并把你们的创意记录下来。

第一步: 讨论总体方案实施策略

针对智慧校园体系内容繁多、进度管理难度大等问题,建议大家一起讨论,制订一些应对策略。比如:

1. 硬件搭建参考策略

在硬件搭建过程中,可以根据各系统的功能需求,先对各接口进行分配,指定各接口对应的功能和硬件。

智慧校园系统 UNO 扩展板接口分配方案(参考)

子系统	功能描述	接口	用 途	计划连接的硬件
①智慧校园遥控系统	设置自动和手动模式,在手动模式下可对智慧校园各系统进行控制	D13	接收遥控信息	红外接收模块
	显示各子系统传感器信息	A4、A5	显示系统信息	LCD1602(IIC)

（续表）

子系统	功能描述	接口	用　途	计划连接的硬件
②智慧教室监控系统	当光线变暗时自动点亮白色LED灯	A0	感应教室光线	光线传感器
		D2	白色灯光照明	白色LED模块
	当声音超过设定值时,红色LED灯警示	A1	感应教室声音	声音传感器
		D3	红色灯光警示	红色LED模块
③智慧花园浇灌系统	当土壤状态显示干燥时,花园心情由笑脸变为哭脸,并放水浇灌	A2	感应土壤状态	土壤湿度传感器
		D4	放水浇灌	舵机
		D5、D6	显示花园心情	8×8点阵模块（IIC）
④智慧校园安防系统	当有人靠近危险区域,或接近禁入区域时,分别发出安全距离警示和防盗警报	D7、D8	物体距离测量	超声波传感器
		D9	声音报警	有源蜂鸣器
		D10	人体靠近监测	人体红外传感器
⑤智慧校园便捷系统	根据接收到的遥控信号进行升旗、降旗	D11、D12	升旗动力	电机驱动板、TT马达

注：D0、D1用于与电脑通信,建议不连任何硬件。

2.程序设计参考策略

在程序设计过程中,各项功能程序体太大,主程序就会显得"臃肿",我们可用子程序(函数)来设计各部分的功能,再通过主程序调用子程序(函数)来实现功能。

函　数

Mixly的函数模块中包含自定义函数和执行函数等指令。运用自定义函数指令,可将一段程序封装起来,在需要时只需调用函数即可,如: 执行 shanshuo ,这样就大大简化了主程序。

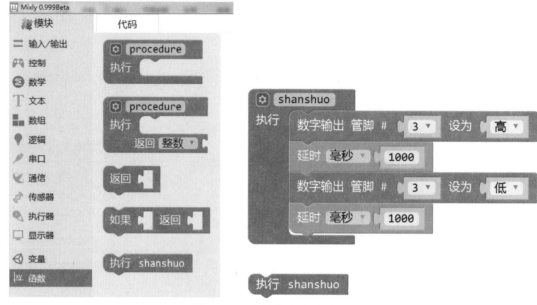

图 16-3 函数的定义和调用

3. 红外遥控参考策略

针对红外遥控器按键对应功能不便记忆的问题,可以对各按键和功能进行分配,并制作一个标有新的功能名称的遥控器操作面板粘贴在遥控器上。

图 16-4 使用串口监视器查看按键的编码值和制作遥控器面板

红外遥控器按键功能分配表（参考）

子系统	预设功能	原键名	新键名	键值（两值相等）
智慧校园遥控系统		CH-		十六进制 0xFFA25D 十进制 16753245
	自动运行一次	CH	自动	十六进制 0xFF629D 十进制 16736925
		CH+		十六进制 0xFFE21D 十进制 16769565
智慧教室监控系统	手动模式下 LCD 显示教室光线强度	◄◄	教室	十六进制 0xFF22DD 十进制 16720605
	手动模式下开灯	►►	开灯	十六进制 0xFF02FD 十进制 16712445
	手动模式下关灯	►‖	关灯	十六进制 0xFFC23D 十进制 16761405
智慧花园浇灌系统	手动模式下 LCD 显示土壤状态	—	花园	十六进制 0xFFE01F 十进制 16769055
	手动模式下开阀,放水浇灌	+	开阀	十六进制 0xFFA857 十进制 16754775
	手动模式下关阀,停止浇灌	EQ	关阀	十六进制 0xFF906F 十进制 16748655
智慧校园安防系统	手动模式下 LCD 显示有无人员靠近危险区域	0	安防	十六进制 0xFF6897 十进制 16738455
	手动模式下打开报警	100+	开报警	十六进制 0xFF9867 十进制 16750695
	手动模式下关闭报警	200+	关报警	十六进制 0xFFB04F 十进制 16756815

（续表）

子系统	预设功能	原键名	新键名	键值（两值相等）
智慧校园便捷系统	手动模式自动升降旗	**1**	自动升降	十六进制 0xFF30CF 十进制 16724175
	手动模式升旗	**2**	升旗	十六进制 0xFF18E7 十进制 16718055
	手动模式降旗	**3**	降旗	十六进制 0xFF7A85 十进制 16743045
	手动模式停止升降旗	**4**	停止升降	十六进制 0xFF10EF 十进制 16716015
		5		十六进制 0xFF38C7 十进制 16726215
		6		十六进制 0xFF5AA5 十进制 16734885

注：请参考前面所学，用串口监视器查看各按键的键值，可只实现部分功能。

第二步：小组分工制作

1. 程序设计

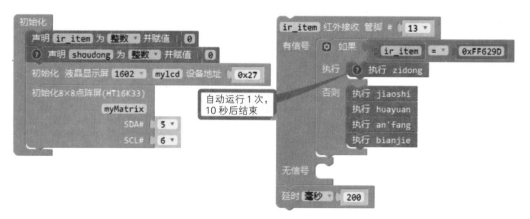

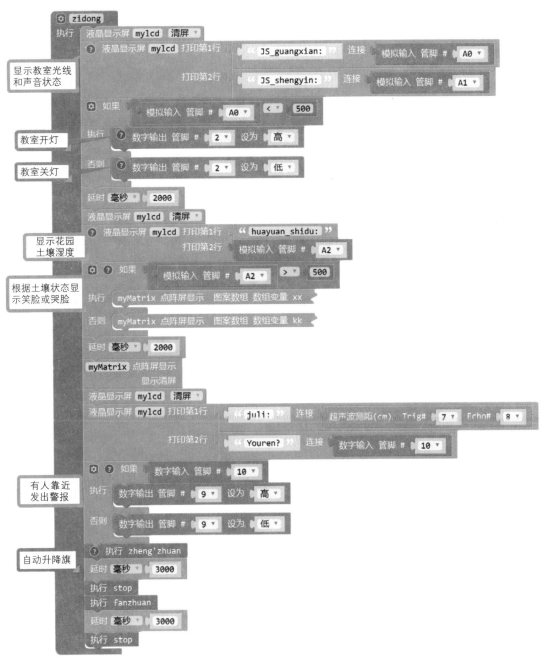

图 16-5 智慧校园遥控系统参考主控程序（上页）及自动运行程序 1 次（本页）

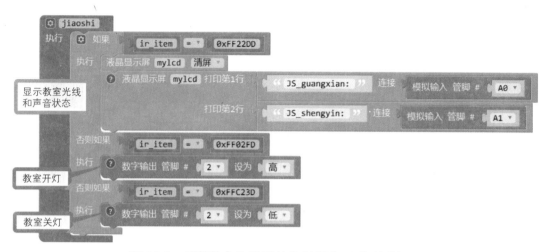

图 16-6 智慧教室监控系统参考程序（手动遥控）

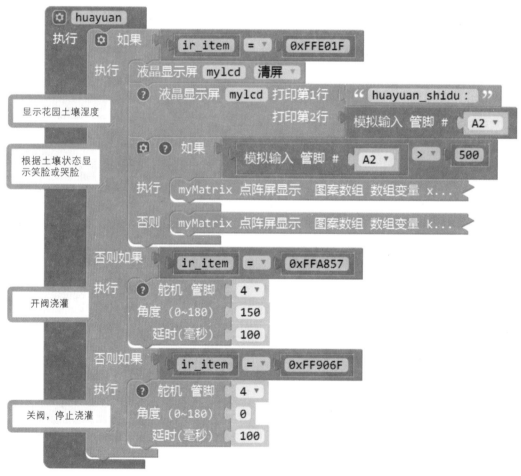

图 16-7 智慧花园浇灌系统参考程序（手动遥控）

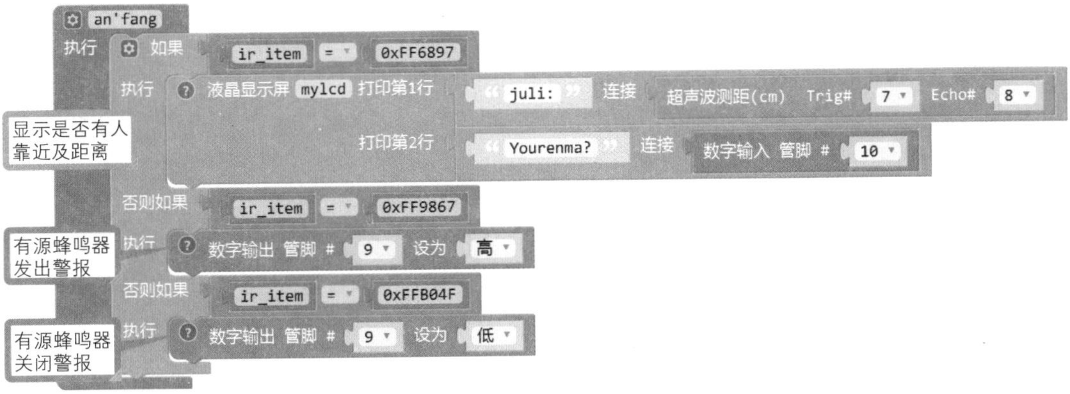

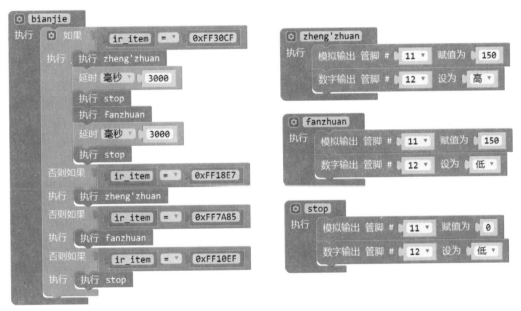

图 16-8　智慧校园安防系统参考程序（手动遥控）

图 16-9　智慧校园便捷系统参考程序（手动遥控）

2. 硬件连接

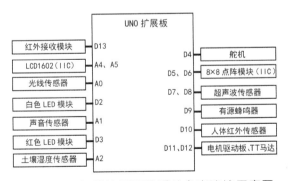

图 16-10　智慧校园硬件系统参考连接示意图

经过大家的共同努力，我们心中的智慧校园终于变成了实物作品，请各团队成员一起拟订作品展示计划，将你们的团队智慧展现给全体同学吧！

在完成本项目的过程中，你有哪些收获，请对照下表进行评价，将得到的☆涂色。

项目评价表

评价指标	评价结果
1. 个人或团队能完成智慧校园程序设计、模型制作和交流展示。	☆☆☆☆☆
2. 在设计活动中善于提出新颖和有创意的想法。	☆☆☆☆☆
3. 在团队中能够积极协作、互相帮助。	☆☆☆☆☆
在本项目中，我共得到 颗★。	
综合评价（自我评价）：	

看看自己亲手设计搭建的智慧校园，这样的智慧校园符合你心目中的样子

吗？还能不能对它做进一步的优化呢？针对实施过程中接口不够用的问题，大家可以采用接口更多的 Arduino MEGA 2560 开发板。

　　智慧校园创意设计与制作只是我们训练创新发明技术的一个载体。通过这个载体，我们学会了一些创新发明的技法，学会了运用系统论和控制论的原理来分析和解决问题，学会了运用开源软硬件技术把自己的创意变成现实。今后，希望大家继续参与创客活动，不断提高自己的创新实践能力，为建设创新型国家，提高我国的综合创新实力做出自己的贡献。

附录：器材清单

序号	模块	说明	数量	单位
1	UNO 板	USB 串口采用 CH340 芯片的 Arduino UNO 开发板	1	块
2	UNO 扩展板	数字口和模拟口为三线接口（G、V、S）2.54 插针的扩展板，数字口 14 路，模拟口 6 路；4 线 I2C 不少于 1 路；蓝牙（V、G、TX、RX）串口 1 路	1	块
3	B 口 USB 数据线	100cm B 口 USB 数据线	1	根
4	3P 连接线	三色 3P 连接线 20cm 以上	20	根
5	杜邦线	公母、公公、母母三种杜邦线 15cm 以上	40	根
6	器件盒	塑料盒，用于装以上套件	1	个
7	9V 电池及电池扣	9V 电池及电池扣（含 DC 电源插头及接线）	4	节
8	亮度传感器模块	三线接口，可以用来测量亮度大小	1	个
9	声音传感器模块	三线接口，可以用来测量声音大小，测量范围 10~100db	1	个
10	DHT11 温湿度传感器模块	三线接口，可以用来同时测量温度和湿度。温度单位为℃，湿度单位为 %	1	个
11	LED 模块	依据灯的颜色显示对应颜色（红、黄、绿、白各一）。三线接口，高电平亮，低电平灭	4	个
12	RGB 模块	通过设置 RGB 值，显示多种颜色。三线接口，可实现 256 级亮度真彩色显示	1	个
13	土壤湿度传感器模块	三线接口，检测土壤湿度	1	个

序号	模块	说明	数量	单位
14	LCD1602 模块	两行显示,每行显示 16 个半角字符(IIC 接口),带背光亮度调节拨轮	1	个
15	9g 舵机	三线接口,转动范围 0~180°,含配件	1	个
16	8×8 点阵模块	显示图案和文字(IIC 接口)	1	个
17	水位传感器模块	模拟传感器,三线接口(–、+、S)	1	个
18	震动传感器模块	检测震动数字传感器,三线接口。	1	个
19	超声波测距模块	四线接口(VCC、Trig、Echo、GND),测量距离 4~400cm	1	个
20	无源(或有源)蜂鸣器模块	三线接口,无源蜂鸣器支持音乐不同频率演奏;有源蜂鸣器接通电源后即可发声	1	个
21	人体红外感应模块	三线接口:VCC、OUT、GND。两个电位器分别调节时间延时和感应距离,顺时针旋转为增加,逆时针旋转为减少	1	个
22	L298N 电机驱动模块	L298N 是一种高电压、大电流电机驱动芯片。最高工作电压可达 46V;2 路输出,瞬间峰值电流可达 3A,持续工作电流为 2A;额定功率 25W	1	个
23	TT 马达	可以安装轮子带减速箱的电机(1:120)。带焊接好的 XH 2P 接口,支架 x2,长短螺丝螺帽 x4	1	个
24	红外接收模块	三线接口,能接收红外摇控器数据	1	个
25	红外遥控器	能发出红外遥控信号	1	个